中国集体林权制度改革

国家林业和草原局
国家发展改革委 ◎ 编
自　然　资　源　部

中国林业出版社
China Forestry Publishing House

图书在版编目(CIP)数据

中国集体林权制度改革 / 国家林业和草原局,国家发展改革委,自然资源部编. -- 北京 : 中国林业出版社, 2025. 3. -- ISBN 978-7-5219-2816-7

Ⅰ.F326.22

中国国家版本馆CIP数据核字第2024ZY3633号

责任编辑：于界芬　于晓文

出版发行：中国林业出版社
　　　　　（100009，北京市西城区刘海胡同7号，电话010-83143542）
电子邮箱：cfphzbs@163.com
网址：https://www.cfph.net
印刷：河北京平诚乾印刷有限公司
版次：2025年3月第1版
印次：2025年3月第1次印刷
开本：880mm×1230mm　1/32
印张：1.625
字数：32千字
定价：38.00元

目 录

一、引言 …………………………………………………… 1

二、集体林权制度改革的进展和成效 …………………… 3

三、集体林权制度改革的顶层设计和制度政策体系 ……11

四、集体林权制度改革的生动实践和创新举措 …………23

五、谱写深化集体林权制度改革新篇章 …………………43

引 言

  集体林是集体所有和国家所有依法由农民集体使用的森林资源。我国现有集体林地 25.68 亿亩,占林地总面积的 60.26%,分布在全国 2600 多个县,涉及 1 亿多农户。集体林面积大、分布广,是维护生态安全的重要基础,是实现乡村振兴的重要资源,是提升碳汇能力的重要载体。

  新中国成立后,我国农村林业经营制度经历了新中国成立初期的分山分林到户、农业合作化时期的山林入社、人民公社时期的山林集体所有和统一经营、改革开放初期的"稳定山权林权、划定自留山、确定林业生产责任制"等 4 次变革。1987 年,由于一些地方出现严重的乱砍滥伐问题,中央暂停了分山到户工作。随着时间推移,老百姓望着满目青山却不能致富,改革呼声与日俱增。

  集体林权制度改革是习近平总书记亲自谋划、亲自部署、亲自推动的重大改革实践。2002 年 6 月 21 日,习近平同志深入福建省武平县调研"分山到户"探索情况时指出,

"林改的方向是对的，关键是要脚踏实地向前推进，让老百姓真正受益"，作出了"集体林权制度改革要像家庭联产承包责任制那样从山下转向山上"的历史性决定，指导福建在全国率先树起林改旗帜。2008年，在总结福建等地经验的基础上，中央决定全面启动集体林权制度改革。

20多年来，集体林权制度改革破冰突围、扬帆远航，从八闽之乡走向神州大地，被誉为继家庭联产承包责任制后又一场土地使用制度的重大变革，巩固和完善了农村基本经营制度，促进了农民就业增收，激发了生态文明建设内生动力，推动了林草高质量发展。这场改革顺民意、得民心、惠民生，尊重自然、顺应自然、保护自然，改出了绿水青山，做大了金山银山，一幅生态美、百姓富的美好画卷正在山区林区徐徐展开。

二 集体林权制度改革的进展和成效

在习近平生态文明思想指引下,各地区各部门坚持正确改革方向,尊重群众首创精神,积极稳妥推进集体林权制度创新,不断完善改革措施,推动森林"水库、钱库、粮库、碳库"功能有效释放,呈现出生态增绿、发展增效、农民增收的生动景象。

(一)"山定权、树定根、人定心"全面实现

集体林是山区林区农民重要的生产资料。集体林权制度改革让农民真正成为山林的主人,是将农村家庭承包经营制度从耕地向林地的拓展和延伸,是对农村土地经营制度的丰富和完善。

开展明晰产权、承包到户、勘界发证。在坚持农村林地集体所有制不变的前提下,通过家庭承包等方式,将林地承包经营权和林木所有权落实到农户,确立农民的经营主体地位。核发全国统一式样的林权证,确认林地林木权利人权益。截至2013年,确权颁证工作基本完成,确权林地面积占纳入集体林权制度改革林地总面积的99%,全国发放林权证1亿多本。很多农民将林权证和宅基地证、结婚证一起珍藏。

2013年，实行不动产统一登记改革，林权纳入不动产统一登记。不动产登记机构坚持不变不换、物权法定、便民利民原则，实行林地和森林、林木"一体登记"。登记的权利类型，由过去的林地所有权、林地使用权，森林、林木所有权和森林、林木使用权拓展细化为林地承包经营权、林地经营权、林地使用权，森林、林木所有权和森林、林木使用权，林地所有权纳入集体土地所有权中，林权保障体系更加丰富完善，有效保护了林权权利人合法权益，保障了林权流转，支撑了集体林权制度改革。

实行承包权、经营权分置并行。农户承包林地，可以自己经营，也可以流转给其他经营主体，形成集体所有、家庭承包、多元经营的格局。专业大户、家庭林场、林业专业合作社、林业企业等林业新型经营主体蓬勃发展，各类林业新型经营主体总数近30万个，经营林地面积2.67亿亩。

"山定权、树定根、人定心"，福建省永安市上坪村的村民将这9个字刻在山林间的一块大青石上，为改革树起了"民心碑"。集体林权制度的持续创新完善，为充分发挥森林"四库"功能夯实了制度基础，蓄满了发展动能。

（二）森林"水库"更充盈，生态安全得到有力保障

森林具有涵养水源、保持水土、防洪补枯、净化水质等重要生态功能，"山上栽满树，等于修水库"。集体林权制度改革以来，林区的树越来越多，山越来越绿，森林"水库"功能彰

二 集体林权制度改革的进展和成效

显得更为突出。

我国宜林荒山荒地主要集中在集体林区,集体林权制度改革激发了农民扩绿、兴绿、护绿的积极性。林农主动"把山当田耕,把树当菜种",集体林森林面积和蓄积量实现持续"双增长"。在集体林权制度改革起步早、力度大的福建、江西,全省营造林面积连创历史新高,森林覆盖率分别列全国第一、二位。目前,全国集体林森林面积21.83亿亩,森林蓄积量93.32亿立方米,比2008年增加了48.06亿立方米,翻了一倍(图1)。

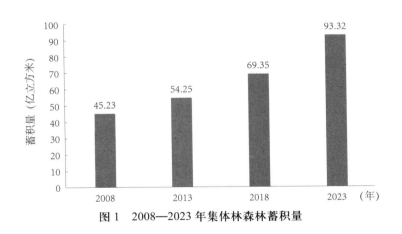

图1 2008—2023年集体林森林蓄积量

人的命脉在田,田的命脉在水,水的命脉在山,山的命脉在土,土的命脉在林和草。全国森林年涵养水源量6289.58亿立方米,相当于16个三峡水库。山区林区生态环境持续改善,青山常在、生机盎然、绿水长流、润泽四方,守住了水的命脉,筑牢了美丽中国的生态根基。

（三）森林"钱库"更充实，生态富民效果日益显现

森林资源是集体林区的最大财富、最大优势、最大品牌。集体林权制度改革拓宽了绿水青山转化为金山银山的路径，让森林日益成为农民的"摇钱树""聚宝盆"。

集体林成为林农就业增收的主阵地。集体林业带动4700多万农民就业，集体林地亩均产出约300元，比林改前增长了3倍多。林地租金由林改前每年每亩1~2元提高到20元左右，南方集体林区30~50元，有的地方达100多元。福建省三明市农民年人均林业收入7600元，占农民人均可支配收入的三分之一。浙江省林业对农民增收贡献率为19%，部分重点山区县农民收入50%以上来自林业。林改让林农的获得感、幸福感持续增强。

发展林业产业，成为山区林区脱贫致富的重要抓手。林业产业从"一木独大"转型升级为"多业并举、融合发展"，形成了经济林、木材加工、旅游康养、林下经济4个万亿级支柱产业。2024年全国林业产业总产值超过10万亿元，林产品进出口贸易额突破1800亿美元。集体林业大省（自治区）广西、广东是林业产业发展的排头兵，年产值分别列全国第一、二位。全国林权抵押贷款余额从2010年的100多亿元增长到目前的1400多亿元，最高时达1700多亿元。山区林区乡村振兴希望在山、优势在林（图2）。

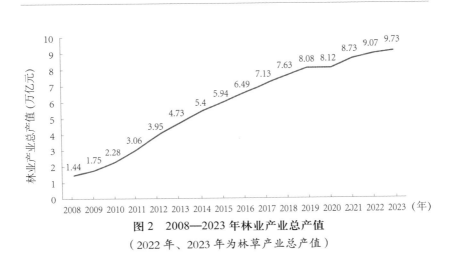

图 2　2008—2023 年林业产业总产值
（2022 年、2023 年为林草产业总产值）

（四）森林"粮库"更稳固，食物供给能力不断增强

集体林是森林食品的主产区，产品涵盖"米袋子""菜篮子""油瓶子""果盘子"。集体林权制度改革增强了"向森林要食物"的发展动力，让中国饭碗更稳定、更安全、更丰盛。

集体林区分布着 500 种以上具有食物生产功能的树种。全国森林食品年产量约 2 亿吨，人均约 130 千克，已经成为我国继粮食、蔬菜之后的第三大农产品，极大地丰富了中国人的餐桌，让老百姓吃得更美味、更健康，让中国粮食安全的底气更足。

加快发展经济林、林下经济，不断扩大森林食品供给。木本油料规模持续扩大，油茶种植面积约 7300 万亩，茶油年产量近 100 万吨。木本粮食供给稳定，板栗、枣、柿等种植面积约 1 亿亩，产量约 1400 万吨。干果水果供需基本平衡，各类干果水果种植面积约 3.3 亿亩，产量约 1.9 亿吨。森林蔬菜、木本调料、木本饮料、木本饲料、竹笋、林菌、林禽、林畜等绿色食品种类繁多、品质优良、供应充足。

> **专栏 1　湖南省大力发展油茶　保障国家粮油安全**
>
> 　　油茶是我国特有的木本油料植物。习近平总书记强调，种油茶绿色环保，一亩百斤油，这是促进经济发展、农民增收、生态良好的一条好路子。湖南省是油茶主产区，通过大力推动油茶产业高质量发展，油茶种植面积、产量、产值均居全国首位。
>
> 　　**加强政策资金保障。**湖南省将油茶确定为实施乡村振兴战略的六个千亿产业之一，设立油茶专项资金，加大投入力度，支持新造油茶、低产林改造、油茶果初加工、油茶林道改扩建等。综合利用信贷、基金等金融工具，扩大市场化融资，支持油茶产业发展。
>
> 　　**推动扩面提质。**培育高产良种，建设高标准示范基地，打造龙头企业和产业园区，形成衡阳、永州等 7 个区域油茶产业集群。推广"油茶＋林下经济"模式，以短养长，提高经营综合收益。
>
> 　　**强化科技支撑。**依托专门科研平台，联合相关科研院所，推动油茶良种选育、生产机械开发、产品精深加工技术创新和应用推广。

> **推进品牌建设**。建立以"湖南茶油"公用品牌为引领,地方区域特色品牌、企业知名品牌融合一体的品牌体系,培育了一批具有较强市场影响力的品牌。
>
> 2023年,全省油茶种植面积2327.46万亩,油茶籽产量126.64万吨,油茶产量32.04万吨,产值772多亿元。

(五)森林"碳库"更庞大,固碳增汇潜力持续释放

森林是大自然的储碳大户。森林蓄积量每增长1立方米,平均吸收二氧化碳1.83吨、释放氧气1.62吨。集体林中的中幼林多,蓄积量增长空间大,"碳库"扩容潜力大。集体林权制度改革促进了集体林资源扩面提质,有效提升了林业碳汇能力。

森林储碳固碳量持续增加。林草植被总碳储量114.43亿吨,其中林木植被碳储量107.23亿吨。林草植被年固碳量3.49亿吨,吸收二氧化碳当量12.8亿吨,其中林木植被年固碳3.1亿吨,吸收二氧化碳当量11.37亿吨,集体林在其中发挥了重要作用。森林碳密度40.66吨/公顷,其中碳密度超过45吨/公顷的栎树等,都是集体林的主要树种。

各地创新发展林业碳汇,推出林业碳票、林业碳账户等新举措、新办法,推动碳汇生态价值转化为"真金白银",引导社会力量参与林业建设,助推如期实现碳达峰碳中和目标,为应对全球气候变化作出中国贡献。

集体林权制度改革的顶层设计和制度政策体系

习近平总书记作出一系列重要论述和重要指示批示,为集体林权制度改革提供了根本遵循。党中央、国务院把集体林权制度改革摆在重要位置,审时度势作出战略部署。各部门坚持系统集成、协同发力,完善制度机制和政策措施,推动各项改革任务落地见效。

(一)习近平总书记亲自谋划部署推动改革

习近平总书记早在福建省工作期间,就对林业改革发展提出了一系列极具战略性和前瞻性的重要论断。他提出"森林是水库、钱库、粮库","闽东经济发展的潜力在于山,兴旺在于林","把林业置于事关闽东脱贫致富的战略地位来制定政策","深化林业体制改革,充分调动各方面积极性,增强林业自我发展能力","青山绿水是无价之宝","要考虑林业产业化问题","真正把林业当成产业来办","福建林业曾经辉煌过,随着形势的变化,各种矛盾的积累越来越多。如果不改革,总有一天矛盾会大爆发,必须首先在林业经营体制上动手术"。他抓住"山要怎么分""树要怎么砍""钱从哪里来""单家独户怎么办"4个核心问题，在全国率先谋划实施了集体林权制度改革。

习近平总书记始终对集体林权制度改革挂念在心、寄予厚望。2012年3月7日，已到中央任职的他在看望十一届全国人大五次会议福建代表团代表时指出："我在福建工作时就着手开展集体林权制度改革。多年来，在全省干部群众不懈努力下，这项改革已取得实实在在的成效。"

党的十八大以来，习近平总书记多次作出重要指示批示，为集体林权制度改革把脉定向、领航推动。

2017年5月，习近平总书记对福建集体林权制度改革作出重要批示，要求："以建设国家生态文明试验区为契机，深入总结经验，不断开拓创新，继续深化集体林权改革，更好实现生态美百姓富的有机统一，在推动绿色发展、建设生态文明上取得更大成绩"。

2018年1月15日，福建省武平县捷文村群众收到有关方面转达的习近平总书记的勉励："得知通过集体林权制度改革，村里的林子变密了，乡亲们的腰包变鼓了，贫困户们也都脱贫了，感到很高兴。希望大家继续埋头苦干，保护好绿水青山，发展好林下经济、乡村旅游，把村庄建设得更加美丽，让日子越过越红火。"

2021年3月23日，习近平总书记在考察福建省三明市沙县农村产权交易中心时指出："三明集体林权制度改革探索很有意

三 集体林权制度改革的顶层设计和制度政策体系

义,要坚持正确改革方向,尊重群众首创精神,积极稳妥推进集体林权制度创新,探索完善生态产品价值实现机制,力争实现新的突破。"

2021年9月1日,习近平总书记在中央党校(国家行政学院)中青年干部培训班开班式上,深情回顾了他在福建推动集体林权制度改革的历程,并以此为例激励广大干部勇于担当、善于作为,强调:"凡是有利于党和人民的事,我们就要事不避难、义不逃责,大胆地干、坚决地干,正所谓'苟利国家生死以,岂因祸福避趋之'。"

> **专栏2 习近平总书记回顾福建集体林权制度改革历程**
>
> 2021年9月1日,习近平总书记出席2021年秋季学期中央党校(国家行政学院)中青年干部培训班开班式并作重要讲话。在讲话中,他指出:
>
> 我在福建工作时,针对福建是林业大省、广大林农却守着"金山银山"过穷日子的状况,为解决产权归属不清等体制机制问题,推动实施了林权制度改革。当时,这项改革是有风险的,主要是20世纪80年代有些地方出现了乱砍滥伐的情况,中央暂停了分山到户工作。20多年过去了,还能不能分山到户,大家都拿不准。经过反复思考,我认为,林权改革关系老百姓切身利益,这

> 个问题不解决，矛盾总有一天会爆发，还是越早解决越好，况且经济发展了、农民生活水平提高了，乱砍滥伐因素减少了，只要政策制定得好、方法对头，风险是可控的。决心下定后，我们抓住"山要怎么分""树要怎么砍""钱从哪里来""单家独户怎么办"这4个难题深入调研、反复论证，推出了有针对性的改革举措，形成了全国第一个省级林改文件。2008年中央10号文件全面吸收了福建林改经验。

2023年9月，习近平总书记在黑龙江省考察时指出："森林是集水库、粮库、钱库、碳库于一身的大宝库。要树立增绿就是增优势、护林就是护财富的理念，在保护的前提下让老百姓通过发展林下经济增加收入。"

2023年10月，习近平总书记在江西省考察并主持召开进一步推动长江经济带高质量发展座谈会时强调："优美的自然环境本身就是乡村振兴的优质资源，要找到实现生态价值转换的有效途径，让群众得到实实在在的好处"，"发展林下经济，开发森林食品，培育生态旅游、森林康养等新业态"，"支持生态优势地区做好生态利用文章，把生态财富转化为经济财富"。

2024年4月3日，习近平总书记在参加首都义务植树活动时强调:"绿化祖国要扩绿、兴绿、护绿并举","兴绿,就是要注重质量效益,拓展绿水青山转化为金山银山的路径,推动森林'水库、钱库、粮库、碳库'更好联动,实现生态效益、经济效益、社会效益相统一"。

习近平总书记的系列重要指示批示,蕴含着伟大的历史主动精神、深厚的人民情怀、巨大的政治勇气和智慧,深刻揭示了林业的本质属性、战略定位和发展规律,系统阐明了集体林权制度改革"为什么改、为谁改、怎么改、改什么"等重大理论和实践问题,成为指引集体林权制度改革的根本遵循。

(二)党中央、国务院作出战略部署

2008年以来,中央层面先后专门出台了3个重要文件,对集体林权制度改革作出战略部署。

2008年,以"分山到户"为重点,启动全国集体林权制度改革。 2008年6月,中共中央、国务院印发《关于全面推进集体林权制度改革的意见》(简称《意见》),明确了改革的重大意义、总体目标、主要任务、政策措施和工作要求。

《意见》强调,集体林权制度改革是稳定和完善农村基本经营制度的必然要求、促进农民就业增收的战略举措、建设生态文明的重要内容、推进现代林业发展的强大动力。要求"用5年左右时间,基本完成明晰产权、承包到户的改革任务",在此基础上通过深化改革,逐步形成集体林业的良性发展机制。提出了明晰产权、勘界发证、放活经营权、落实处置权、保障收益权、落实责任等主要任务，以及完善林木采伐管理机制、规范林地林木流转、建立支持集体林业发展的公共财政制度、推进林业投融资改革、加强林业社会化服务等政策措施。集体林权制度改革的"四梁八柱"就此基本确立。

2009年6月，中央林业工作会议在北京召开，中央领导同志出席会议并讲话，对集体林权制度改革工作作出了全面部署。

2016年，以巩固提升为重点，部署完善集体林权制度。 2016年11月，国务院办公厅印发《关于完善集体林权制度的意见》（简称《意见》），提出了巩固和扩大改革成果的新任务、新要求。

《意见》要求，"到2020年，集体林业良性发展机制基本形成""实现集体林区森林资源持续增长、农民林业收入显著增加、国家生态安全得到保障的目标"。围绕稳定集体林地承包关系、放活生产经营自主权、引导集体林适度规模经营、加强集体林业管理和服务等4个方面，提出了加强林权权益保护、落实分类经营管理、积极稳妥流转集体林权、建立健全多种形式利益联结机制、推进集体林业多种经营、完善社会化服务体系等一系列政策举措。

2017年7月，全国深化集体林权制度改革经验交流座谈会在福建省武平县召开，国务院领导同志出席会议并讲话，对改革进行了再动员再部署。

2023年，以生态富民为重点，擘画新征程深化集体林权制度改革新蓝图。 2023年9月，中共中央办公厅、国务院办公厅

三 集体林权制度改革的顶层设计和制度政策体系

印发《深化集体林权制度改革方案》(简称《方案》),明确了当前和今后一个时期深化集体林改的总体要求、主要任务和保障措施。

《方案》要求,牢固树立和践行绿水青山就是金山银山理念,积极稳妥推进集体林权制度创新,不断完善生态产品价值实现机制和生态补偿制度,充分发挥森林多种功能,努力实现生态美、百姓富的有机统一。提出"到2025年,基本形成权属清晰、责权利统一、保护严格、流转有序、监管有效的集体林权制度",在此基础上通过继续深化改革,促进森林资源持续增长、森林生态质量持续提高、林区发展条件持续改善、农民收入持续增加。明确了加快推进"三权分置"、发展林业适度规模经营、切实加强森林经营、保障林木所有权权能、积极支持产业发展、探索完善生态产品价值实现机制、加大金融支持力度、妥善解决历史遗留问题等8项主要任务,以及组织领导、试点探索、队伍建设、监督考核等4个方面的保障措施。《方案》既是2008年、2016年两个林改文件的续篇,也是新征程深化集体林改的时代新篇。

2023年12月19日,深化集体林权制度改革电视电话会议在北京召开,国务院领导同志出席会议并讲话,部署贯彻落实《方案》重点工作,推动全国集体林权制度改革再出发。

> **专栏3　中央有关文件关于集体林权制度改革的部署要求**
>
> 2015年，中共中央、国务院印发《生态文明体制改革总体方案》，提出"完善集体林权制度，稳定承包权，拓展经营权能，健全林权抵押贷款和流转制度"。
>
> 2018年，中共中央、国务院印发《乡村振兴战略规划(2018—2022年)》，提出"完善集体林权制度，引导规范有序流转，鼓励发展家庭林场、股份合作林场"，"鼓励农民以土地、林权、资金、劳动、技术、产品为纽带，开展多种形式的合作与联合"，"支持开展林权收储担保服务"。
>
> 2021年，中共中央办公厅、国务院办公厅印发《关于全面推行林长制的意见》，提出"深化集体林权制度改革，鼓励各地在所有权、承包权、经营权'三权分置'和完善产权权能方面积极探索，大力发展绿色富民产业"。
>
> 2022年，党的二十大报告提出，"深化集体林权制度改革"。

（三）立法为深化改革护航

全国人大常委会及时修订《中华人民共和国森林法》《中华人民共和国农村土地承包法》，将集体林权制度改革创新成果上升为国家法律，确保改革于法有据、行稳致远。

《中华人民共和国森林法》对集体林地承包经营进行了专门

规范，规定"集体所有和国家所有依法由农民集体使用的林地实行承包经营的，承包方享有林地承包经营权和承包林地上的林木所有权"，"承包方可以依法采取出租（转包）、入股、转让等方式流转林地经营权、林木所有权和使用权"，"未实行承包经营的集体林地以及林地上的林木，由农村集体经济组织统一经营"，"经本集体经济组织成员的村民会议三分之二以上成员或者三分之二以上村民代表同意并公示，可以通过招标、拍卖、公开协商等方式依法流转林地经营权、林木所有权和使用权"，"集体林地经营权流转应当签订书面合同"。

对公益林开发利用作出了专门规定，"在符合公益林生态区位保护要求和不影响公益林生态功能的前提下，经科学论证，可以合理利用公益林林地资源和森林景观资源，适度开展林下经济、森林旅游等"。

明确支持发展林权抵押贷款、林权收储担保，规定"国家通过贴息、林权收储担保补助等措施，鼓励和引导金融机构开展涉林抵押贷款、林农信用贷款等符合林业特点的信贷业务，扶持林权收储机构进行市场化收储担保"。

《中华人民共和国农村土地承包法》对包括林地在内的农村土地承包经营制度进行了全面规范，明确了集体林地发包方和承包方的权利义务、承包程序、承包合同、监管职责以及相关法律责任，并针对林地特点，专门规定"林地的承包期为三十年至七十年"，"林地承包的承包人死亡，其继承人可以在承包期内继续承包"，"国家对耕地、林地和草地等实行统一登记，登记机构应当向承包方颁发土地承包经营权证或者林权证等证书，并登记造册，确认土地承包经营权"。

（四）建立健全制度政策体系

国家发展改革委、财政部持续加大对林业改革发展的支持力度。通过"三北"工程、重要生态系统保护和修复重大工程等渠道，支持集体林区统筹山水林田湖草沙一体化保护和系统治理。建立健全造林、抚育、管护等补贴制度，持续加大资金投入。完善森林生态效益补偿机制，逐步提高补偿标准。改革育林基金制度，将征收标准降为零。建立森林保险补贴制度，中央财政对森林保险保险费提供补贴。出台油茶产业发展奖补等政策，将木本油料营造纳入国土绿化补助范围。通过中央预算内投资、地方政府专项债券、增发国债等渠道支持国家储备林建设、木本粮油等发展及森林草原防火道路等设施建设。

自然资源部会同有关方面推动完善林权类不动产登记制度规范。明确原有权机关依法颁发的林权证书继续有效、不变不换，规范林权登记业务受理，依法明确登记权利类型，推动林权登记数据整合移交，解决林权类不动产登记不规范、不到位等问题，推动林权登记与林业管理衔接。坚持实事求是、分类施策、稳妥有序等原则，部署开展清理规范林权确权登记历史遗留问题试点，制定指导意见，明确各类林权确权登记历史遗留问题处理路径，指导各地妥善化解历史遗留问题，维护林农等经营者合法权益。落实深化集体林权制度改革新要求，细化

三 集体林权制度改革的顶层设计和制度政策体系

规范林地承包经营权、林地经营权登记规则，优化林权登记办理程序，创新林权地籍调查方式方法，进一步推动林权类不动产登记高效规范、便民利民。

中国人民银行、国家金融监督管理总局等金融监管部门持续优化金融支持政策。指导各类金融机构做好集体林权制度改革与林业发展金融服务工作，引导银行业金融机构加大对林业的信贷投入。建立林权抵押贷款制度，明确可抵押林权范围、贷款办理程序、风险管理机制，指导各地强化主体服务功能，创新金融服务方式，完善林权评估、收储、担保等服务机制，将林权抵押贷款纳入金融机构服务乡村振兴考核评估指标体系，推动林权抵押贷款有力有序扩面增量。引导金融机构创新林业经营收益权、公益林补偿收益权和林业碳汇收益权等质押贷款业务，探索多元化林业贷款融资模式。建立森林保险体系，将森林保险纳入农业保险统筹安排。

国家林业和草原局制定出台一系列政策举措，推动改革任务落准落细落实。

在林权流转管理方面，严格界定流转林权范围，规范林权流转程序和流入方资格条件，加强林权流转合同签订指导，推广林权流转合同示范文本，强化林权流转用途监督，推动集体林权规范有序流转。

在林业新型经营主体建设方面，指导各地培育林业专业大户、家庭林场、林业专业合作社、股份合作社、林业企业，建立林业职业经营人、新型职业林农培训培养机制，加大财税、金融、科技和社会化服务支持力度，促进各类林业新型经营主体发展壮大。

在森林经营方面，修订国家级公益林划定和管理办法，规范集体公益林经营利用方式和调出补进程序。建立森林经营方案管理制度，指导林业适度规模经营主体编制简明森林经营方案。在 8 个省布局 38 个集体所有制单位开展森林可持续经营试点，允许突破相关技术规程限制、开展多种经营。打造 200 个服务集体林权制度改革试点类型国有林场，以点带面提高集体林经营水平。

在林木采伐管理方面，依法放活集体人工商品林采伐，明确主伐限额年度有结余的可结转使用，林农个人采伐人工商品林蓄积量不超过 15 立方米的全面实行告知承诺制审批，对短轮伐期用材林、工业原料林皆伐作业开展按面积审批试点，优化林木采伐审批程序，解决采伐办证"繁、慢、难"问题。

在林业产业发展方面，与有关部门联合出台支持油茶等木本粮油、林下经济、竹产业、森林康养发展的政策文件，制定林草产业发展规划和相关产业发展指南，推进国家储备林建设，指导各地因地制宜发展绿色富民产业，带动林农增收致富。

在试点探索方面，2015—2020 年，完成两轮集体林业综合改革试验示范工作，形成政策成果 100 多项。2020 年以来，开展全国林业改革发展综合试点工作，确定福建三明、江西抚州、山西晋城、吉林通化、安徽宣城、四川成都、浙江衢州等 7 个试点市，聚焦改革重点领域开展先行先试，为面上改革探路子、作示范。

四

集体林权制度改革的生动实践和创新举措

各省（自治区、直辖市）深入学习贯彻习近平总书记重要指示批示精神，认真落实党中央、国务院决策部署，聚焦"林改四问"和"拓宽绿水青山转化金山银山的路径"，守正创新、接续作答，形成了集体林权制度改革实践的生动局面。

（一）聚焦"山要怎么分"，完善产权制度

完成明晰产权、勘界发证。 开展调查摸底，查清林地林木资源底数，科学制定改革方案。公开民主决策，召开村民会议，履行公示程序，确定改革方案。对于适合家庭经营的林地，村集体与农户签订承包合同，明确承包关系后，组织开展实地勘界、测绘勾图，登记核发林权权属证书，实现"分山到户、分林到户"。对于不宜实行家庭承包经营的林地，经本集体经济组织成员同意，通过均股、均利等其他方式落实产权，实行"分股不分山、分利不分林"。村集体可保留少量集体林地，实行民主经营管理。对于未实行承包到户的集体林地，通过发展多种形式的股份合作，将股权证、收益权证发放到户，落实农户林权权益。

> **专栏 4　福建武平捷文村"分山到户"改革**
>
> 2001年6月,福建省龙岩市武平县开展林权证换证试点工作。捷文村党支部、村委会在县委、县政府领导下,以试点为契机,启动集体林权制度改革探索。
>
> 对于"山要怎么分",当时有两种不同的意见。一种主张家庭承包、分山到户,强调公平优先;另一种主张大户承包、竞价拍卖,强调效率优先。经过充分讨论、民主决议,捷文村决定采取"分山到户"方式,坚持"山要平均分,山要群众自己分",确定了林地所有权归集体所有,林地使用权、林木所有权和林木使用权归林农所有的改革模式,成为全国第一个以村委会文件形式明确实行山林承包到户的改革村。村"两委"带着测绘人员走遍全村每座山头,为全村164户人家勘定分界、勾画四至。2001年12月30日,村民李桂林领到了全国第一本新版的林权证,林权证上标注了林地面积、界限、林木种类和林权所有人,是"山定权、树定根、人定心"的标志。全村共发放林权证352本,涉及林地26763亩,林权发证率100%,林权证到户率100%。

推进集体林地"三权分置"。逐步建立集体林地所有权、承包权、经营权分置运行机制。落实所有权,维护村集体对承包林地发包、调整、监督等各项权能。稳定承包权,保持集体林地承包关系稳定并长久不变,有序开展进城落户农民集体林地承包权依法自愿有偿退出试点。放活经营权,赋予林农等林业经营者更大的生产经营自主权。江西抚州、安徽宣城、福建南平、浙江丽水等地探索开展林下空间不动产登记、建立林业经营收益权证制度,实现经营权收益权再流转,赋予经营权抵押、收益权质押等多种功能。

开展林地延包工作。林业生产经营周期动辄十几年乃至几十年,部分地区上一轮林地承包合同临近到期,有的林地剩余承包期不足一个林业生产经营周期。各地因地制宜推进林地延包工作,明确承包期届满时坚持延包原则,不得将承包林地打乱重分,确保绝大多数农户原有承包林地继续保持稳定。江西省抚州市等地探索开展林地延包试点,对承包剩余期限10年左右的集体林地,明确承包期限延长至2065年,村集体与林农签定延包合同,承包合同存入个人林权档案,不动产登记部门按照承包合同依法办理林权类不动产登记,让林农吃下长效定心丸。

(二)聚焦"树要怎么砍",优化森林经营和林木采伐管理机制

实施公益林、商品林分类经营。科学划定国家级和地方级公益林,实行公益林生态补偿制度。完善公益林动态管理机制,允许对集体公益林按规定合理调整。放活商品林经营

管理，让林农等林业经营者依法自主决定经营方向和经营模式。科学经营公益林，在不影响生态功能的前提下，按照"非木质利用为主，木质利用为辅"的原则，实行分级经营管理，采取相应的保护、利用和管理措施。浙江省依托公益林资源适度发展林下经济、森林旅游等产业，增加就业人数31.35万人，每万亩公益林平均增加就业人数69人。江西省抚州市资溪县开展公益林多功能经营，在马尾松林中补种兼顾生态效益和经济效益的薄壳山核桃，既优化树种结构，又提高林农经营收益。

放活商品林采伐管理。从保障林木所有者权益和提高森林质量出发，依法放活集体人工商品林采伐管理，努力实现"越采越多、越采越好、青山常在、永续利用"。支持集体林经营主体编制森林经营方案，将森林经营方案作为审批林木采伐的重要依据。取消人工商品林主伐年龄限制，由林业经营者自主确定主伐年龄。实施小额采伐实行告知承诺制审批，取消伐区调查设计，精简伐前查验等程序。对短轮伐期用材林、工业原料林皆伐开展按面积审批试点。福建省分区分类开展人工商品林采伐改革试点，在龙岩市开展人工商品林林权所有者自主确定采伐类型和主伐年龄、主伐限额五年总控改革试点，在三明市探索实施采伐蓄积量、年龄、坡度、指标"四个放宽"，在沙县区开展人工商品林按面积批准林木采伐试点，推动采伐管理更科学更灵活。

四 集体林权制度改革的生动实践和创新举措

专栏5 广西推广林木采伐告知承诺制审批

2023年，广西壮族自治区全面实施人工商品林采伐告知承诺制审批。

明确审批条件。 针对林农经营林地面积普遍低于3亩的实际情况，经过科学论证，明确对林农个人申请采伐人工商品林30立方米（含）以下的，全面实施告知承诺制审批。

简化审批程序。 林农使用林木采伐APP定位采伐地点，提交"一张申请表""一份承诺书""两张现场照片"即可办理采伐许可证，审批时限从原来的20天缩短为1天。全自治区已办理告知承诺制审批采伐许可证6.89万份，发证蓄积量167万立方米，为林农节省各项费用4000多万元。

开展桉树采伐试点。 针对桉树用材林生长快等特点，在12个县（市、区），对林农个人申请采伐桉树人工商品林面积1公顷（含）以下的或采伐蓄积量30立方米以上、120立方米（含）以下的桉树人工林，实行"简易设计+告知承诺制"审批。林农使用林木采伐APP，绕测拟采伐的桉树商品林地块，提交承诺书即可办理林木采伐许可证。

全面实施采伐告知承诺制审批，方便了广大林农，营造了依法采伐的良好氛围，全自治区非法采伐林木案件数量下降了60%。

推动林木采伐审批减证便民。 拓宽林木采伐办理途径，提供行政审批窗口、网络平台、APP 等多种渠道办理采伐申请。服务站点向基层延伸，委托乡镇政府核发采伐许可证，在村一级设立采伐申请代收点，让数据多跑路、群众少跑腿。向困难群体推行"委托代办"，让出行困难、电子产品使用不便的林农群体足不出户也能办理采伐手续。建立网络化服务体系，借助基层林长、护林员、监管员、巡护员力量，提升林木采伐服务效率。推进林木采伐"阳光审批"，公开商品林采伐限额分配方案，实行集体林采伐公示制度。湖南省实施林木采伐指标"阳光工程"，做到采伐指标到户率、公示率、及时率三个 100%，促进采伐审批办理高效、林区稳定和谐。

（三）聚焦"钱从哪里来"，健全林业金融服务体系

推广林权抵押贷款。 健全林权评估、收储、担保、处置等机制，适度提高林权抵押率和不良贷款容忍度，鼓励银行业金融机构积极推进林权抵押贷款业务，不断加大信贷支持力度。自然资源部会同国家林业和草原局、国家金融监督管理总局联合印发文件，明确原林权证可以直接办理抵押登记，换证无需解抵押，方便林农林企办理林权抵押贷款。浙江省丽水市打造"林权 IC 卡"贷款模式，林业部门集中统一评估林权资产，分户建立林权信息档案，与金融机构实现信息共享，林农无需再走资产评估程序，办理贷款最快半天就可完成，让林权成为农民的"绿色信用卡"。福建省龙岩市建立林业区块链普惠金融服

务平台，整合林业、不动产登记、评估、担保和征信等单位涉林信息，建立林业经营主体基本信用档案，建立林权抵押贷款"线上提交需求，平台撮合成交，线下签约放款"运行模式，平台服务已覆盖武平、上杭、长汀3个县，累计发放贷款11.06亿元。重庆市建立农村产权抵押融资风险补偿资金，将林权抵押贷款纳入补偿范围，推动林权抵押贷款扩面增量。

探索林权质押贷款。部分省（自治区、直辖市）探索开展公益林（天然林）补偿收益权质押贷款、林业经营收益权质押贷款、林业碳汇收益权质押贷款等林权质押贷款业务，进一步盘活万重山、敲开银行门。浙江省率先推出公益林补偿收益权质押贷款，贷款额度上限为年度公益林补偿性收益的15倍。广西壮族自治区出台《公益林补偿收益权质押贷款管理办法》，规定贷款最高额度原则上不超过年度公益林补偿金收入的20倍。江西省推广公益林和天然商品林补偿收益权质押贷款，贷款额度可按年补偿收益放大10~15倍。江西省抚州市推出森林碳汇收益权质押贷款、林下经济收益权质押贷款，资溪县发放全国首单林下经济收益权质押贷款。重庆市探索林业碳汇预期收益权质押贷款，已发放贷款2.4亿元。目前，全国各类林权质押贷款余额约20亿元。

创新林业金融产品。紧贴林业经营者需求，推出信贷、保险、基金、债券等一批特色金融产品，加快推动集体林资源变资产、资产变资金。江西省搭建林业金融服务平台，依托平台联合金融机构推出"林农快贷""网商林贷""绿林贷""香料贷""竹

专栏6 江西建立林业金融服务平台

江西省依托南方林业产权交易所,建立全国首个全省性林业金融服务平台,实现林业部门和金融机构线上线下协同服务机制。平台主要功能包括:

林权贷款协同服务功能。支持实现林业经营主体线上申请、林业部门审查推送、中介机构报告备案、银行机构贷款备案、林业部门冻结权限等协同功能,形成防控风险闭环。

贷款贴息办理功能。支持实现贷款贴息主体线上申报、林业部门三级审核、贴息资金核算落实等服务功能,提高贴息审核效率和数据准确率。

投保理赔协同服务功能。支持实现投保理赔主体线上申请、林业部门审查推送、保险机构保单备案等协同功能,初步形成林业保险精准投保理赔、数据融合共享。

融资需求对接功能。支持实现融资需求发布、金融产品展示、融资信息查询、融资供需对接等功能,初步形成金融机构与林业经营主体日常对接机制。

林业金融服务平台已协同银行为2.3万户林农发放"林农快贷""网商林贷"累计8.6亿元,发放"公益林收益贷"2.31亿元,办理公益林、商品林森林保险及油茶、中药材地方特色保险1200余万亩。

产业链贷"等金融产品,唤醒林业"沉睡"资产,引入金融"活水"。江西省将油茶、中药材保险纳入省级特色农业保险范围,浙江省推出毛竹收购价格指数保险,四川省推出核桃价格指数保险,山东省开展林木气象指数保险,广西壮族自治区推出油茶收入保险,分散林业生产经营风险,引导金融资金和社会资本进山入林。

建立林权收储担保机制。部分省(自治区)探索开展林权收储担保,组建林权收储机构,收储分散林权,进行专业化经营,并为林权抵押贷款借款人提供担保,打通林权融资"最后一公里"。福建省推进林权收储担保体系建设,省财政对林权收储担保额给予补助。江西省支持林权收储机构开展森林资源调查、资产评估、资产监管、收储托管和生产经营等全产业链服务,选择 21 个县开展林权收储担保体系建设试点,累计收储林权 91.32 万亩,化解林权抵押不良贷款 4702.8 万元。广西壮族自治区以林业部门牵头,国有企事业单位投资,组建林权收储担保公司,业务范围覆盖南宁、百色等 9 个市,担保金额 3256 万元,担保面积 2.66 万亩。

> **专栏 7 福建探索建立林权收储担保机制**
>
> 福建省针对林权抵押难、处置难等问题,探索建立林权收储担保机制,降低林业经营者融资成本。

加强政策支持。 福建省发文要求推进林权收储机构建设，明确相关支持政策。对林权收储机构为林农生产贷款提供担保的，由省级财政按年度担保额的1.6%给予风险补偿。对林权收储担保机构收储的林权，林业部门优先办理林木采伐许可证。

组建收储机构。 引导重点林区市（县）依托国有林场、国有林业企业组建国有的林权收储机构，鼓励联合民营企业组建混合所有制的林权收储机构，支持有实力的民营林业企业、担保机构、个人依法成立民营性质的林权收储机构。

创新服务模式。 林权收储机构提前参与林权抵押贷款评估，变被动兜底为主动服务。推进森林综合保险，探索将抵押林权委托第三方监管，引导资产管理机构参与处置出险林权，有效化解林业金融风险。

完善配套机制。 林权收储机构与金融机构建立沟通机制，共同研究解决林业信贷问题。推广统一规范的林权收储工作流程图，优化服务程序。指导林权收储担保机构健全管理制度，规范收储担保行为，提高收储担保效率。

目前，福建省已成立50多家林权收储机构，实现重点林业县全覆盖，为林权抵押贷款提供收储担保超过20亿元。

（四）聚焦"单家独户怎么办"，发展林业适度规模经营

规范有序流转集体林权。 针对集体林地分散细碎的特点和农村老龄化空心化现状，引导承包农户采取出租、入股、转让等方式流转林地经营权、林木所有权和使用权，将分散的集体林地整合起来统一经营。对于未实行承包经营的集体林地，依法履行相关程序后，通过招标、拍卖、公开协商等方式流转林地经营权、林木所有权和使用权。依托农村产权交易市场、公共资源交易平台等各类平台，规范开展林权公开市场交易。探索建立工商企业等社会资本流转林权的监管和风险防控机制，规范引导社会资本进山入林、依法开发利用林地林木，促进集体林规模化集约化专业化经营。

引导开展合作经营。 鼓励农户开展股份合作经营、家庭联合经营、委托经营等多种形式的合作经营，引导林农走联合发展道路。建立利益联结机制，推动国有林场、林业企业与村集体、农户开展联合经营，实现多方共赢。浙江省创新推广毛竹股份合作制、林地股份合作制、股份制家庭林场、国乡合作、强村富民"平台＋基金"等五种合作经营模式，福建省南平市建立"四个一"（一村一平台、一户一股权、一年一分红、一县一数库）林业股份合作经营模式，安徽省宁国市推进"小山变大山"托管经营试点，形成了一批可复制可推广的经验做法。

> **专栏 8　浙江创新推广林业合作经营模式**
>
> 浙江省坚持尊重群众首创精神，支持基层创新林业合作经营模式，推动山区林区强村富民。
>
> **林权量化入股，整合分散林地。** 安吉县引导农民以毛竹资源入股，建立毛竹股份合作社 119 个。浦江县引导农民将林地承包权转化为长期股权，组建林地股份制合作社。仙居县组建"林权入股、亲情链接"的股份制家庭林场，规模化经营面积近 1 万亩。通过建立股份合作机制，将分散、闲置的林地资源适度集中，实现林权变股权、农民变股东。
>
> **引入专业力量，提高经营水平。** 林地整合集中后，引入国有林场、林业企业等经营主体开展经营，让专业的人做专业的事。庆元县推进国乡合作模式，发挥国有林场技术和资金优势，与村集体开展合作经营。新昌县成立共创公司和强村公司，作为低产低效林改造的经营主体。合作经营收益比农民单户经营普遍高 20% 以上。
>
> **多元复合经营，拓宽增收渠道。** 依托特色优势资源，采取"合作社+公司+农户"等模式，发展绿色富民产业。新昌县通过开展合作经营，建成 10 万亩香榧基地，带动林农户均增收 5000 元。采取保底分红、定期分红等多种方式，让农民及时分享经营收益。浦江县林地股份制合作

> 社创新"保底＋递增"方式，前15年按当年省级公益林年度补偿标准分红，后3个5年按5%、10%、15%比例递增分红，保底分红不少于每亩300元。

培育壮大新型经营主体。地方通过财政奖补、社会化服务等方式，大力培育林业新型经营主体，释放林业发展潜能。江西省实施林地适度规模经营奖补政策，对专业大户、家庭林场每个最高奖补5万元，专业合作社、企业每个最高奖补10万元。福建省对林业合作经济组织实行"三免三补三优先"政策（免收登记注册费、增值税、印花税，林木种苗、贷款贴息、森林保险补助，采伐指标、科技推广项目、国家各项扶持政策优先安排）。甘肃、湖南、山东等省份制定家庭林场认定管理办法，予以项目、资金等政策支持。北京市推进新型集体林场建设，吸纳2.1万名农民就近就业。全国已有林业专业大户8万多个，家庭林场2万多个，林业专业合作社10万多个，林业企业近9万个。

（五）聚焦"拓宽绿水青山转化金山银山的路径"，探索完善生态产品价值实现机制

推动木材等传统产业转型升级。加快培育工业原料林、珍贵树种和大径级用材林，保障国家木材供应链安全。推动木材加工产业绿色转型，淘汰落后产能，发展精深加工，木

材加工和木竹制品制造年产值稳定在1万亿元以上。积极培育新兴产业,推广木竹结构建筑和木竹建材,发展林业"三剩物"综合利用等循环经济。广西壮族自治区"一根木"撬动千亿产业,人工林面积、木材产量、人造板产量稳居全国首位。四川、福建、浙江等省份将小竹子打造成大产业,创新发展竹材、竹地板、竹家具、竹纤维、竹餐具、竹吸管,加快开发"以竹代塑"新技术新产品,打造全竹利用产业链,引领绿色低碳发展新风尚。

拓宽"不砍树能致富"新路。科学合理利用林地资源,大力发展特色林果、木本粮油、木本调料等经济林,做大做优林下种植、林下养殖等林下经济产业,全国经济林面积约7亿亩,林下经济利用林地面积约6亿亩,产值均超万亿元。依托林区良好生态环境和景观资源,发展森林生态旅游和康养产业,打造绿色经济新引擎,林业旅游与休闲服务年产值超过1.6万亿元。我国林业产业规模和增速稳居世界前列,生态产业化、产业生态化之路越走越宽。

专栏9 广西推动林业产业高质量发展

广西壮族自治区认真践行绿水青山就是金山银山理念,锚定万亿林业产业目标,推动林业一、二、三产业融合发展。

构建现代林业产业体系。 自治区制定出台政策，将油茶、林下经济、森林旅游康养、花卉种苗作为乡村振兴的支柱产业，将高端绿色家居家具制造业、林浆造纸作为工业振兴核心产业和重点打造的产业集群，造纸和木材加工、林业生态旅游康养、林下经济稳定成为千亿元产业。

推动产业集聚发展。 深入实施"百十亿级产业园区提升工程"，建设林业产业园区43个，覆盖全自治区40%以上的县，累计入园企业超过3000家，规模以上企业占到25%以上，园区年产值100亿以上的4个、50亿以上的4个，年产值超过1600亿元。

激发开放合作活力。 连续举办11届中国—东盟博览会林木展，举办世界林木业大会，各类林产品累计成交额超过1000亿元。推动林木种苗、油茶、木材加工等优势产业沿"一带一路"走出去，桉树等优良种苗受到东盟及非洲国家青睐。

2023年，全自治区林业产业总产值超过9500亿元，44个乡村振兴帮扶重点县林业产业总产值超过2800亿元，林下经济产业惠及林农近1200万人，带动林农人均增收3600多元。

完善森林生态保护补偿机制。加大生态保护补偿投入力度，探索建立多元化、市场化生态保护补偿机制，让林业经营者保护修复生态得到合理回报。江西省提高重点区域生态公益林差异化补偿标准，国家公园内公益林补偿标准由每亩 26.5 元提高到 35 元，国家级自然保护区公益林补偿标准由每亩 26.5 元提高到 33 元。福建省探索开展重点生态区位商品林赎买，省级财政投入累计近 4 亿元，通过赎买、租赁、置换、改造提升等方式，妥善处置重点生态区位商品林面积 48.9 万亩。重庆市建立森林覆盖率尽责指标交易机制，开辟横向生态保护补偿新路径。浙江省丽水市探索建立集体林地地役权制度，为钱江源—百山祖国家公园创建区内的集体林地设立地役权并赋予质押融资权能，惠及 32 个村、3 万多村民，促进国家得生态、林农得实惠。

> **专栏 10　重庆建立森林覆盖率尽责指标交易机制**
>
> 2018 年，重庆市出台《实施横向生态补偿 提高森林覆盖率工作方案（试行）》。以 2022 年全市森林覆盖率提升到 55% 左右作为约束性指标，对每个区县进行考核，明确各区县政府的主体责任，确定具体的森林覆盖率尽责目标值。针对各区县资源禀赋、发展定位等差异情况，对于完成森林覆盖率尽责目标值确有困难的区县，允许其向森林覆盖率高出目标值的区县购买森林面积指标，用于本

> 地区森林覆盖率尽责目标值的计算，让造林绿化成效突出的县区不吃亏、有收益。
>
> 按照友好协商、自愿交易原则，交易双方对购买指标的面积、位置、价格、管护等达成一致后，在林业部门见证下，签订购买森林面积指标的协议，支付横向生态补偿资金。交易的森林面积指标不与林地、林木所有权等权利挂钩，也不与各级造林任务、资金补助挂钩。
>
> 截至2022年年底，重庆市各区县间交易森林面积指标39.62万亩、总成交金额9.9亿元，全市森林覆盖率达55.04%，完成预定目标。

《深化集体林权制度改革方案》印发一年来，各省（自治区、直辖市）党委和政府实行主要领导负责制，明确责任、细化任务、狠抓落实，各有关部门密切配合、精准施策、积极作为，推出了一批新政策，开展了一批新试点，打响了新的改革攻坚战。福建省三明市等试点地区坚持先行先试、善作善成，精耕细作改革"试验田"，不断总结推广新经验新成果，林业改革发展呈现出新气象新面貌。

> **专栏 11　集体林权制度改革三明经验**
>
> 福建省三明市牢记习近平总书记嘱托，积极稳妥推进集体林权制度创新，形成了一批新经验。
>
> **林权登记：数据整合共享＋高效便民服务**。将 34 万宗林权登记存量数据全部导入不动产登记系统并整合上图。实施林权地籍勘验全免费，推进登记办证"一站式"办理。
>
> **林权融资：收储担保＋金融产品创新**。成立 12 家林权收储机构，建立资产评估、森林保险、林权监管、快速处置、收储兜底"五位一体"金融风险防控机制。推出林权抵押按揭贷款，贷款期限 15~30 年，综合融资成本在月息 0.6% 以下。
>
> **规模经营：场村合作＋林票**。引导国有林场与村集体、农户开展合作经营，国有林场制发林票，将合作经营中的村集体和村民收益折股量化，实行定期分红、到期兑现、兜底回购。全市已制发林票 9 亿元，惠及林农 10 万人。
>
> **林木采伐：放宽限制＋简化审批**。放宽林木采伐蓄积量、林龄、坡度、指标等限制，简化采伐审批办证流程。在沙县区开展集体人工商品林按面积审批采伐试点。
>
> **"两山"转化：森林可持续经营＋林下经济＋林业碳票**。建设大径材培育基地，开展公益林更新改造试点，大

力发展林下经济等林业产业,林下经济带动近35万林农就业增收。林业部门制发林业碳票,通过大型活动组织者购买、生态案件当事人认购林业碳票等方式,推动林业碳汇价值实现。

管理服务:一带三执法+一站式服务。由林业站站长兼任执法中队队长,带好林业站、执法中队和生态护林员3支队伍。在林业站设立"林农之家"一站式服务窗口,林农不出乡镇就可办理各类审批事项和接受各项服务。

五

谱写深化集体林权制度改革新篇章

党的二十届三中全会对进一步全面深化改革、推进中国式现代化作出重大战略部署。踏上新征程，必须牢记习近平总书记嘱托，深入学习贯彻党的二十届三中全会精神，以更高站位、更宽视野、更大力度，抓实抓细抓好《深化集体林权制度改革方案》的落地见效，推动山区林区与其他地区同步基本实现现代化、林农群众和全国人民携手走上共同富裕之路。

——**始终坚持以习近平新时代中国特色社会主义思想为指导**。坚持解放思想、守正创新，牢牢把握改革的方向、立场和原则，确保农村林地集体所有制不动摇、集体林地家庭承包基础性地位不削弱。坚持人民至上、尊重群众首创，实施一批发展所需、基层所盼、民心所向的改革举措，让林农群众有更多的获得感、幸福感、安全感。坚持善用辩证法、注重方法论，正确处理保护与发展的关系，加强系统谋划和政策集成，有力有序解决集体林产权制度、资源管理、经营模式、产业发展等方面的重点难点问题，提高改革整体效能。

——**锚定生态美百姓富的总目标**。紧扣推进人与自然和谐共生的中国式现代化，着力破解体制机制障碍和政策性梗阻，打通阻碍生态美、百姓富的堵点卡点。通过深化改革，推动森林经营更加科学高效、支持保护制度更加完善、林权价值增值途径更加多样，促进森林资源持续增长、森林生态质量持续提高、林区发展条件持续改善、农民收入持续增加，实现山区林区"含绿量""含金量"同步提升，生态美、百姓富有机统一。

——**聚焦深化改革创新机制的总路线**。以制度建设为主线深化改革，加快建成权属清晰、责权利统一、保护严格、流转有序、监管有效的集体林权制度。持续健全"三权分置"运行机制，坚决落实所有权，长期稳定承包权，加快放活经营权，切实保障处置权、收益权，促进强化集体所有制根基、保障和实现农民权利、激活资源要素的有机统一，以制度牵引林业改革发展，让莽莽群山成为林农的"幸福靠山"。

——**打好促进森林"四库"联动的组合拳**。立足森林"四库"功能，综合精准施策，建设高效生态林业。科学开展国土绿化，推进森林可持续经营，加强资源管护，推动森林资源增量提质，提升以林保水、以林固碳能力，为建设美丽中国夯实生态根基。坚持生态优先、绿色发展，积极践行大食物观，推进森林资源综合开发利用，完善生态产品价值实现机制，打造林业绿色经济体，释放以林生金、以林产粮潜力，促进绿水青山源源不断转化为金山银山，让森林"四库"更好造福人民。

改革风自群山起，奋楫扬帆正当时。深化集体林权制度改革的美好蓝图已经绘就、冲锋号角已经吹响。从新的历史起点出发，这场关系千山万水生态安全、亿万百姓民生福祉的重大改革必将劈波斩浪、行稳致远，为生态文明建设和山区林区高质量发展注入强大持久的动力，在中国式现代化新征程上谱写更加恢宏壮丽的林草新篇章。